爱丽丝的糖果拼布

王贝丽 著

机械工业出版社
CHINA MACHINE PRESS

图书在版编目（CIP）数据

爱丽丝的糖果拼布/ 王贝丽著. —北京：机械工业出版社，2019.7
（手作小日子）
ISBN 978-7-111-62911-5

Ⅰ. ①爱…　Ⅱ. ①王…　Ⅲ. ①布料—手工艺品—制作　Ⅳ. ①TS973.51

中国版本图书馆CIP数据核字（2019）第110832号

机械工业出版社（北京市百万庄大街22号　邮政编码100037）
策划编辑：于翠翠　责任编辑：于翠翠　於　薇
责任校对：王明欣　责任印制：李　昂
北京瑞禾彩色印刷有限公司印刷

2019年7月第1版第1次印刷
187mm×260mm · 6.5印张 · 2插页 · 150千字
标准书号：ISBN 978-7-111-62911-5
定价：45.00元

电话服务　　　　　　　　　网络服务
客服电话：010-88361066　　机 工 官 网：www.cmpbook.com
　　　　　010-88379833　　机 工 官 博：weibo.com/cmp1952
　　　　　010-68326294　　金 书 网：www.golden-book.com
封底无防伪标均为盗版　　机工教育服务网：www.cmpedu.com

前言 ≫≫ PREFACE

　　说起来，真要感谢改小胖（改妞儿）的大力督促，没有她的支持和鞭策，我不可能完成这本书的创作。虽然她是简约派，但却给了我很多灵感，感谢友谊！另外，我也要感谢我的编辑，费尽所有脑细胞想出了这么好听的书名，又温柔地对待我的"拖稿"。

　　我的专业不是设计，我也谈不上有什么特殊的天赋，一切都不过是因为热爱。我热爱制作这些可爱的布艺手工，它们使我心情愉快。在刚刚接触布艺的时候，我参加过很多线下的聚会，大家都热衷于分享自己的制作经验，这让我在学到很多东西的同时，也结交了一些非常好的朋友。改小胖就是那时候一见如故的小伙伴，时光飞逝，如今我们认识已有八年之久。

　　一开始，我也只是依照书里的教程制作。对于新手来说，看书跟着做真是一个学习的捷径。随着技术的提高，我便不再满足于模仿别人的作品，而是萌生了自己设计的想法。

　　这本书算是一份总结，我不仅介绍了30个作品的制作方法，还把设计过程中的思考也收录了进来，力求用易于大家理解的方式，讲解我的设计灵感和制作方法。如果你也很想自己设计作品，可以认真看一看我写的文字，希望对你有所启发。

　　我总是希望自己可以被幸福环绕，而且相信好心情是可以由自己来创造的。哪怕一件微小的事情，也可以成为幸福的来源，四月开放的玉兰，五月绽放的月季，六月的和煦阳光，撒欢奔跑的狗狗……都是生活中美好的瞬间，亦可以成为设计的灵感。

　　设计没有什么一定之规，唯一的标准就是遵照内心的想法，依靠自己的直觉，把生活中积累的素材和情感体现在自己的作品上。不要害怕自己不专业，大胆地做自己的设计吧！

王贝丽

目录

CONTENTS

前 言

iPad 保护袋

外出时将 iPad 放在包里不安全，于是我做了这个简单的保护套。

制作时使用了嵌缝的方法，在表布上挖几个洞，嵌入漂亮的花布，形成特别的图案。

学会这种方法后，还可以结合刺绣做出更精致的效果。

常用针线
介绍

材料、工具

表布（素布），里布（花布），配色布
（花布），皮质包盖，黑色绣线，铺棉，
花边剪，熨斗

纸样

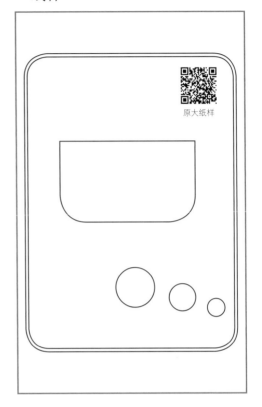

原大纸样

 贴布

将图案布用藏针缝方法贴缝在
浅色花布上。

步骤

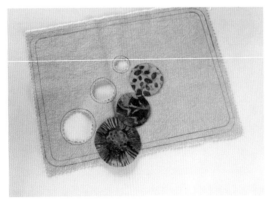

1 沿纸样剪下正面的表布，用花边剪修剪圆形
贴布区域。将配色布剪成三个不同大小的圆
片。

2 将三个圆片垫在表布下，贴缝。

 注意

圆形配色布要比贴布区域大一圈。

3 贴缝好后，从反面熨烫平整。

缝份轮的使用方法

4 将表布、铺棉、里布按顺序熨烫在一起后进行修剪。共制作两片。

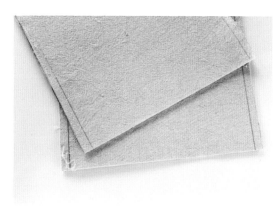

5 将远离图案的短边裁平。

6 剪裁 4cm 宽的包边条，进行包边。

7 包边之后，用绣线缝合皮质包盖。

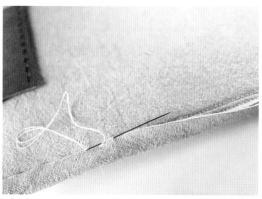

8 将两片布的里布相对贴合平整，包边缝合即可。

兔兔钥匙包

我一直想设计一款动物造型的钥匙包，它既要能保护钥匙且方便拿取，又要可爱呆萌。

经过我反复涂改绘制设计稿之后，就有了这款兔兔钥匙包。

它使用纯棉布料制作，手感柔软，能够使钥匙不划伤包包里的其他东西，

拿在手里灵动有趣，像一只可爱的玩偶，令人爱不释手。

材料、工具

铺棉，装饰花边，棉绳，钥匙环，
表布，白色和花色的配色布，
花边剪，装饰扣

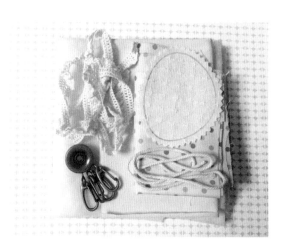

纸样

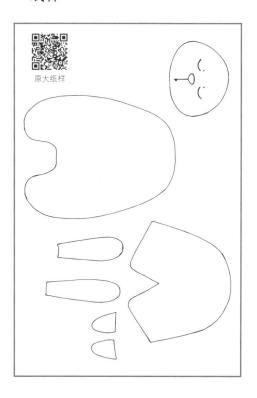

原大纸样

步骤

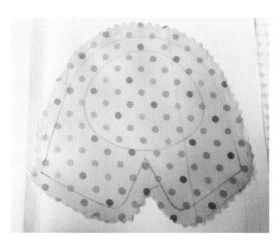

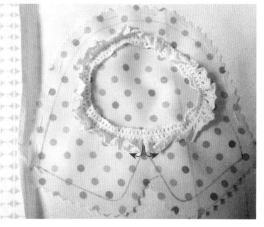

1 按纸样在花布和白色布上画好图案，修剪边
   缘。将花布叠在白色布上，将缝份外圈用大
   头针脚固定。

2 将装饰花边沿圆圈缝合。接口处分别向两边
   的内侧折，多缝两针固定。

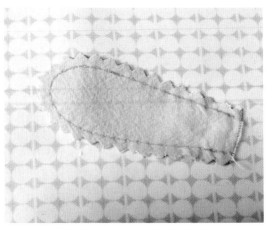

3　贴缝上白色布，做兔子脸部。

4　按纸样剪好兔子的耳朵和前腿，分别正面相对缝合，用花边剪沿着外圈剪牙口。如果没有花边剪，只在有弧度的部分剪几个牙口即可。然后翻到正面。

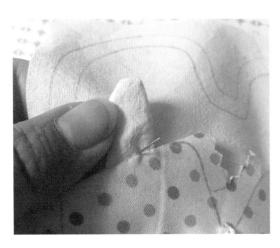

5　将缝好的兔腿放置在白色身体底布和花色衣服布的中间。藏针缝合衣服和身体的部分，针要穿透兔腿和底布。

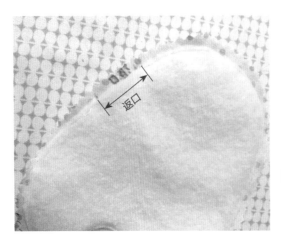

6　从上到下按顺序摆放裁好的铺棉、花色里布和缝好兔腿的表布。缝合边缘，留返口（可伸进一根手指的大小）。再修剪掉多余的铺棉，用花边剪修剪边缘。

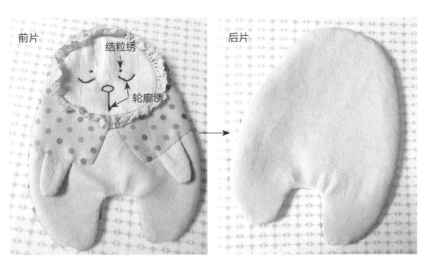

前片　结粒绣　后片

轮廓绣

7 翻到正面，再绣上兔子的眼睛、鼻子和嘴。后面一片也用同样的方法缝制。结粒绣的方法详见"牙膏笔袋"的第5步。

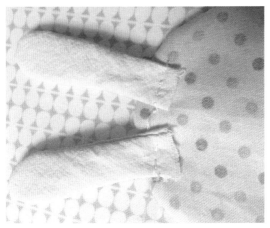

8 缝上兔耳朵。

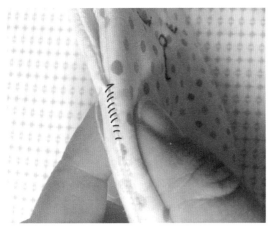

9 使身体的正反两片布正面相对，卷针缝合边缘。将两侧缝至腿根部，两耳中间不缝。

10 翻到正面。先将棉线与钥匙环相连，再将棉绳穿过两耳间留好的空隙里，最后缝上装饰扣，制作完成。

大脸猫零钱包

这个作品的创作本意是做个杯垫，但是做着做着，

我问自己它为何不能是个零钱包呢?

于是，我临时将它做成了大脸猫零钱包。

设计有时候就是这样，你要相信自己的直觉。

纸样

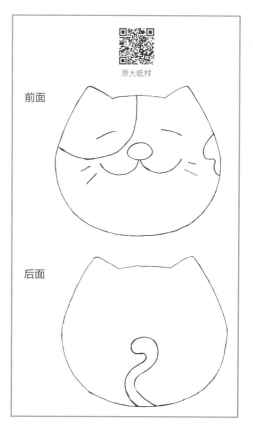

介绍拉链

原大纸样

前面

后面

材料、工具

布料，铺棉，15cm 长的拉链，
熨斗

步骤

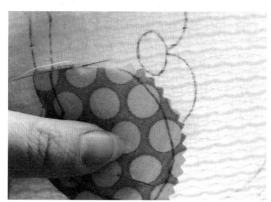

1 按纸样画好图案，进行贴缝。

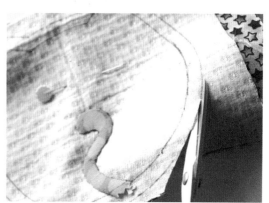

2 按照贴缝好的表布剪裁里布（五角星图案的布）。

大脸猫零钱包 | 09

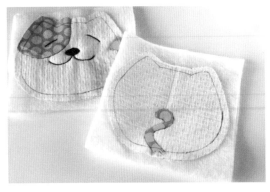

3 将表布熨烫在铺棉上，用黑色线缝猫的眼睛和嘴。

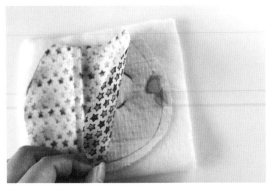

4 将里布、表布正面相对铺好。

5 沿画好的线迹进行缝合，底部留返口，然后修剪多余的铺棉。

6 翻到正面，缝合返口。

7 按照大脸猫的轮廓缝合拉链。

8 拉链两端再缝线加固，制作完成。

 安装拉链的要点

链牙不要紧挨着布边，应给滑锁（拉链头）留出空间。布的边缘至链牙中心的距离一般为 0.5cm。根据拉链大小也可进行调整，但要保证滑锁可以顺畅通过。

小鞋子零钱包

这个作品的设计灵感来源于缎面绣花鞋，设计图我反复画了十几稿，

最终确定了这个大小和样式。它既能挂在包上，又能装不少零钱，

还能当钥匙链用，真是趣稚可爱呢！

纸样

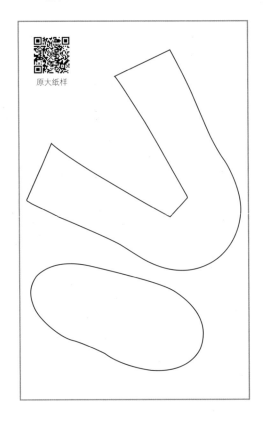

原大纸样

材料、工具

拉链，素布，花布，蝴蝶结，
单胶铺棉，花边剪，熨斗

步骤

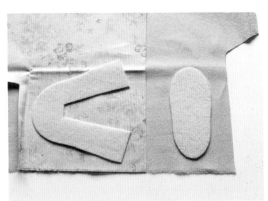

1 按纸样将铺棉剪下，把有胶的一面熨烫在两块布上。

2 下边再放同样大小的素布，在铺棉边缘缝合，留返口。

3 修剪边缘，并在箭头标注的位置剪牙口，注意不要剪到缝线。

4 翻到正面，缝合返口。藏针缝拉链，如图所示。

5 在背面用卷针缝方法固定拉链带的边，注意不要扎透表布。

6 将拉链多余的部分向内折，如图所示，在两侧分别折一个斜角，缝合固定。

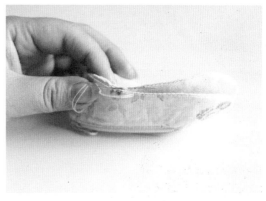

7 拉链两侧直边相对，藏针缝合。

8 藏针缝合鞋底和鞋面。完成后，缝上蝴蝶结做装饰。

文件袋

公司的文件袋又土又丑，完全不符合我的审美。

作为一个"中年老少女"，我不能容许自己使用平庸的文件袋。

网纱布是制作文件袋的绝佳布料，它不但透气，而且结实、耐脏，还便于清洗。

当然，它还有很多种颜色。

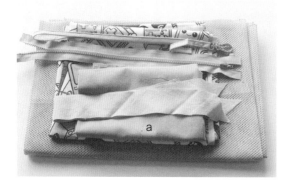

材料

两种颜色的布料，网纱布，拉链，自制挂绳，
4cm 宽的包边条

小贴士

可用同色系素布（如图中布料 a）
做内袋，尺寸请根据自己的喜好
决定。

步骤

1 剪裁比 A4 纸大 2~3cm 的
花布两片。

2 按照布料的大小裁剪 2 片
网纱布，并将一片从中间
裁开（沿长边方向）。剪
开的地方进行包边处理。

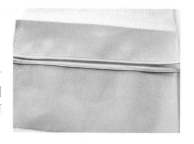

包边线迹

缝拉链线迹

3 按图所示缝上拉链。

4 将网纱布缝在花布上。

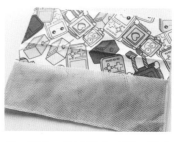

5 将另一片网纱布对折，折痕
一侧在上，缝在另一片花布
上。折痕一边不缝，只缝另
外三边。

6 将两片花布花色相对，缝合，
在拉链的上止处留返口。

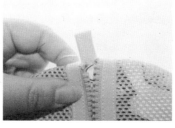

7 翻到正面，在返口处塞入用
包边条制作的挂绳环，缝合。

8 装上挂绳。

甜点化妆包

女孩们日常需要的化妆品越来越多，为了携带方便，就需要一个收纳包来妥善放置。

我非常喜欢各种甜点，于是我以此为素材，制作了这款甜点化妆包。

糖果色拼色设计加上点睛的小甜点，立刻让人想起夏日午后甜暖的空气，非常有少女气息。

材料、工具

主体布，配色布，包扣坯 1 枚，
20cm 长的拉链，绣线，龙虾扣，
铺棉，熨斗

原大纸样

③
②
①

▶ ▶ 步骤

1 将四块彩色布按纸样裁好并拼接缝合，熨烫缝份。

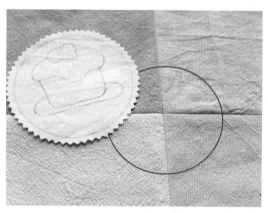

2 画好贴布图案并剪下圆形布，贴缝在画圈的区域。

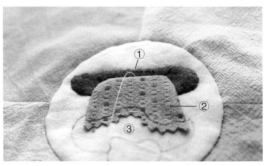

3 贴缝好后，翻到背面，修剪掉多余的部分，能使贴布图案更加平整。

4 按照纸样标记的数字顺序进行贴布。

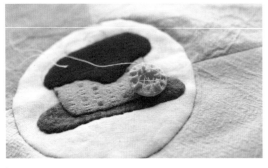

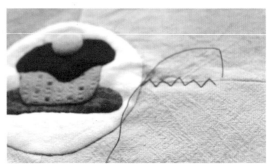

5 制作包扣，贴缝在最上边。用相同方法拼缝包的背面布，再将两片布缝合成一大片布，然后熨烫上铺棉。

6 使用绣线进行不规则锯齿状装饰缝。

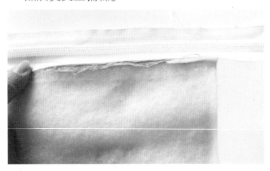

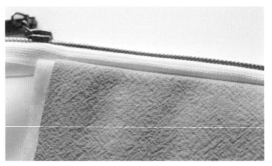

7 将布沿短边方向对折，正面在内，在两短边间缝上拉链。

8 翻到正面查看是否平整。

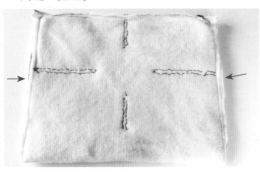

9 翻回反面，缝合两边，线要穿透拉链，并注意保持拉链平整。

10 抓角后于距顶点 4cm 处缝合，并将角修剪掉。

11 剪裁两侧边长比表布短 0.5cm 的里布，抓角缝合，并将尖角修剪掉。

12 将里布塞进表布中，藏针缝合，翻到正面。

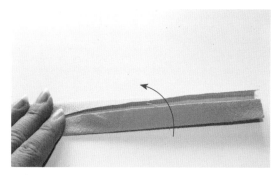

13 将 4.5cm 宽的布条两长边先向中线折，再对折。

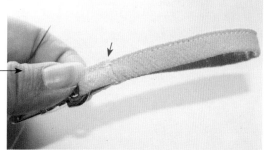

14 缝合开口一边后，穿过龙虾扣。

15 将布条两端缝合，打开，翻转，沿这条线缝合固定（见右图）。将龙虾扣挂在拉链上就可以啦！

患过敏性鼻炎的猪——迷你手提包

我有过敏性鼻炎，一到花粉广泛飘散的季节，就需要佩戴口罩，否则就会流涕不止。不能够自由呼吸，不能亲近花花草草，令我有点沮丧。于是，我设计了这个流鼻涕的猪头包自嘲。有很多学习拼布的朋友手艺都很精湛，却对设计一筹莫展。但我想说，设计并没有那么难，灵感来源于你对生活的观察和一些素材的积累，这个过程非常有趣。

材料、工具

布料，拉链，提手带，铺棉，少量填充棉，
布艺彩绘笔，花边剪，熨斗

纸样

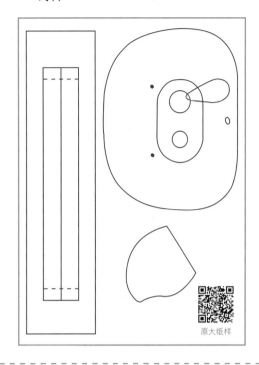

原大纸样

步骤

1 按纸样画好猪鼻子的部分，剪下来，按图所
示进行缝合。

2 将未缝合一侧的缝份向内折。

3 将猪鼻子用藏针缝方法缝在裁好的猪脸表布
上（留个口），然后在背面熨烫同样大小的
铺棉。

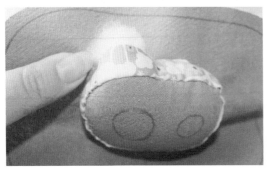

4 塞入填充棉后封口。

5 剪同样大小的里布(花布),与表布正面相对,缝合并留返口。

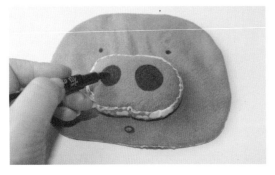

6 翻到正面,用布艺彩绘笔画上鼻孔、眼睛和嘴。

7 将两块白色布叠放在一起,按图所示缝合后修剪边缘(留返口),做成水滴形状的"鼻涕"。

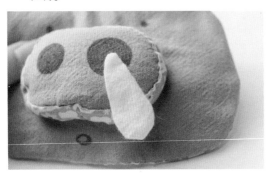

8 翻到正面,缝合返口,将"鼻涕"藏针缝在鼻孔下。

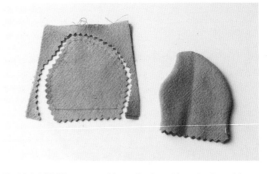

9 按纸样剪下两组猪耳朵(两片一组),按图所示缝合后修剪,翻到正面。翻到正面后,将直边藏针缝合。

10 将做好的耳朵缝在猪头的里布上。

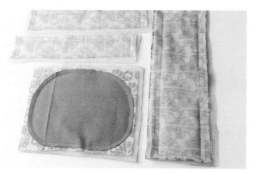

11 按纸样剪裁好其他部位，两片一组，正面相对，按缝份缝合并留返口。熨烫上铺棉，修剪边缘。

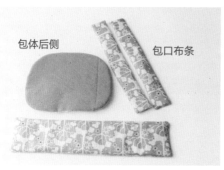

包体后侧　　包口布条

12 修剪掉多余的铺棉，翻到正面，藏针缝合返口。

13 在两条包口布条间缝上拉链。

14 用藏针缝方法组合包体后侧的布和长布条（见第12步图）。

15 缝制挂提手带的布条。（做法与"甜点化妆包"中的相同，此处不再重复）

16 将包体各部分缝合。将挂提手带的布条夹在拉链两端，藏针缝合。

17 装上提手带，完成。

吐 司 包

吐司包是一款常见的拼布作品，多由一块布制成。

我在包身上挖了一个洞，嵌入贴好图案的布料，使它有了属于我的独特风格。

于是，它不再属于大众风格，而成了独家定制。很多时候，花些小心思在细节上，

你的作品便会具备独特之处。

纸样

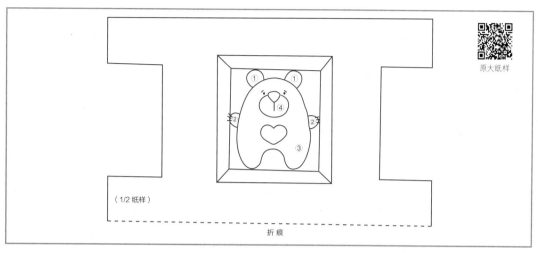

（1/2 纸样）

折痕

原大纸样

材料、工具

紧致铺棉，拉链，圆点布、白色布和蓝色布，黑色绣线，熨斗

步骤

1 按纸样剪好耳朵部分，两片一组，按图所示缝合后翻到正面。

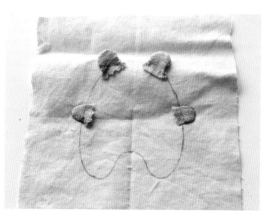

2 贴缝耳朵（只缝底部）和熊爪的部分。

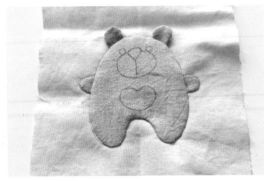

3 贴缝熊的身体。

4 翻到背面，剪掉多余的部分。

5 再贴缝嘴的部分。

6 在鼻子、眼睛、桃心的部分进行刺绣。

7 按纸样剪下圆点布，描画中间需要抠下来的部分，将其剪掉后在四角剪一下。将贴缝好熊图案的布按图所示放置，将圆点布四条边向内折。

8 贴缝折进去的四条边。

9 熨烫铺棉。

10 在包口的两条布边间缝上拉链（其中一条在熊头顶处，见上一步图），并将拉链两端的包体也缝合。

注意

拉链要反着放。

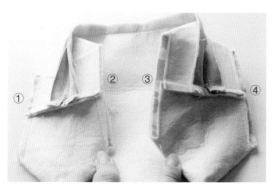

11 按图所示缝合四条边。

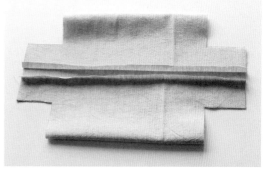

12 按纸样剪裁里布，将包口处的两处布边折进一条缝份。其他步骤和表布的处理方法相同。

13 将里布塞进表布中。

14 藏针缝合，翻到正面，制作完成。

兔子香囊

民间有熏香驱五毒的习俗，这个兔子香囊的创意就来源于此。

我想做一个香囊，可以放一些香料驱虫，同时它又能与室内的装饰融为一体，自成一道风景。

我想，很多人都会喜欢这种既可爱又实用的布艺作品吧！

纸样

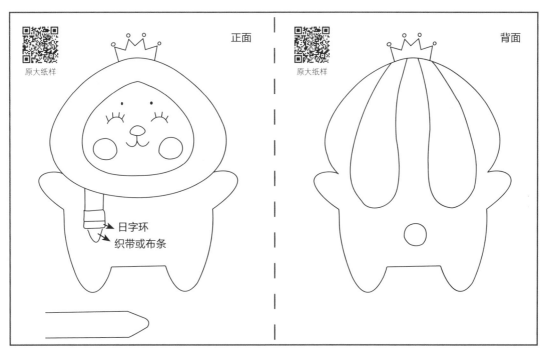

正面　原大纸样

背面　原大纸样

材料、工具

红色、粉色、白色表布，花色里布，5cm 长的拉链，日字环，黑色绣线，黄色毛毡皇冠，白色绒球，桂花香包，挂绳，花边剪

▶ ▷ 步骤

1 按纸样剪下兔子耳朵部分的 4 片红布和 2 片铺棉。按 2 片红布和 1 片铺棉一组缝合，要留返口。

2 用花边剪修剪边缘后翻到正面，如图所示。

3 裁好兔子头部的表布（红布），将耳朵缝于其中一片布上。

4 将表布、里布正面相对，在最下层铺上铺棉，缝合，留返口，修剪边缘后翻到正面。

5 将兔子脸部贴缝在头部，使用绣线绣出眼睛、鼻子、嘴。完成后再用步骤 4 的做法缝制头部后面的那片布。

6 剪好身体部分的布料。重复步骤 4，并在边缘转折处剪牙口。

7 裁两根适当长度的布条，将布条两长边向中线对折，两端折成尖角。

8 穿上日字环。

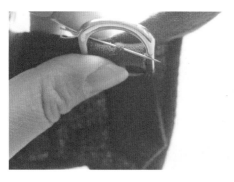

9 将穿好日字环的布条分别藏针缝在身体正面靠近两条前腿的表布上。

10 将兔子前侧的头部和身体用藏针缝方法拼接在一起。

11 在头顶中心位置缝上挂绳。

12 用藏针缝方法拼接背面，并在中间缝上拉链。

13 将正、反两片里布相对，藏针缝合。

14 在拉链下方缝上绒球，做尾巴。

15 在正面头顶、两耳中间的位置用卷针缝方法缝上毛毡皇冠。

16 打开拉链，塞入桂花香包。

鱼萌萌笔袋

　　这个笔袋从设计到制作非常顺利，它还是我买了单反相机和拍照灯之后认真拍摄的第一个作品。唯一美中不足的是：布料掉色！这对作品是一个毁灭性的打击，还好我最终完成了补救。可很多时候，一旦布料掉色，就不得不毁掉重做。在此提醒新手朋友，买回来的布料一定要下水清洗一遍，一是能去除浮灰和黏着在布料上的胶和化学物质，使布料更加柔软、卫生；二是可以先了解布料是否掉色，避免使用后出现不可逆转的问题。即使不小心买了掉色的布料，洗过之后一般就不会严重掉色了。

材料、工具

表布（波浪纹），里布（绿色花布），配色布（粉色、白色、绿色），码装拉链和拉头，铺棉，黑色绣线，花边剪

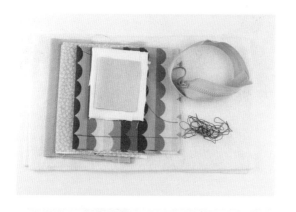

码装拉链

长长的成捆的拉链带，可自由剪裁长度，无拉头、上止、下止等，是半成品拉链。

条装拉链

常见的拉链，有上、下止，拉头等的成品拉链。

纸样

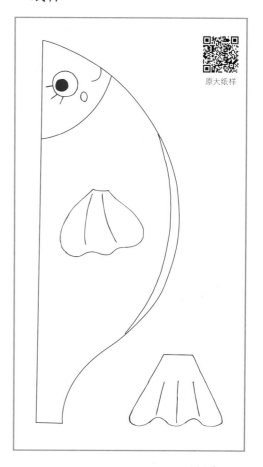

原大纸样

步骤

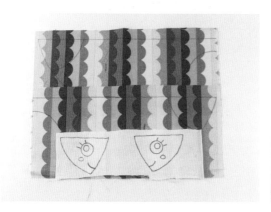

1 按纸样剪裁各个部分，并画好贴布和刺绣的图案。

2 将鱼头和鱼肚子按图所示进行贴布。

3 底部铺上铺棉，沿波浪形进行压线。

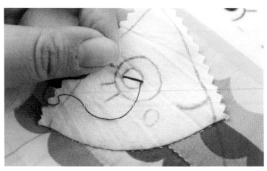

4 绣鱼眼睛，周边轮廓用平针缝的方法绣，脸蛋的部分用粉色布进行贴布。

5 在两片鱼鳍布下铺铺棉，缝合，留返口。

6 鱼尾的制作方法相同，鱼尾和鱼鳍各制作两片。

7 轮廓绣。

8 将鱼鳍藏针缝在鱼身的两边。

9 将里布和表布正面相对，缝合画线的部分，留返口。

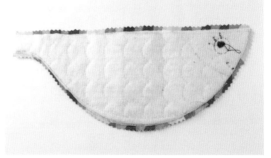

10 修剪边缘，裁掉多余的铺棉。

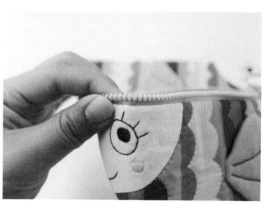

11 翻到正面。

12 用藏针缝方法缝上拉链，鱼嘴处的拉链不
修剪。

13 拉链缝好后的样子（有点像烤鱼呢）。

14 将鱼的两片布藏针缝合，注意对齐。

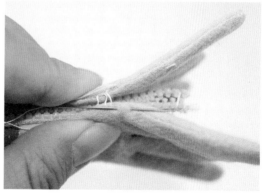

15 缝上鱼尾，依然用藏针缝手法。

16 码装拉链尾端没有加下止的部分要进行加
固，修剪掉多余部分后将末端藏于两片鱼
尾内。

小熊环保袋

环保袋是夏天的好伴侣，轻便耐用，与白 T 恤是绝配。

信手涂鸦的图案就可以拿来制作简单的环保袋。

我加了内衬，让它不会软趴趴的。虽然有型，但这个环保袋不能折叠存放。

那么制作中如何取舍，就由你来决定喽！

纸样

8cm

8cm

原大纸样

材料、工具

拼接布，主题布，里布，提手带一对，铺棉，熨斗，圆角尺（请见第9步图）

步骤

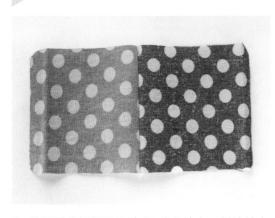

1 按纸样裁好拼接用的 28 片方块布。拼接其中的两片。无须计算尺寸，一切以方块布的拼接作为基础。

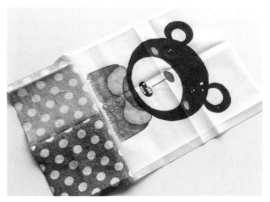

2 将主题布的中心位置对准两片方块布的拼接处，缝合，修剪掉多余的部分。

3 继续拼接两侧的方块布。

4 将上述步骤中拼接好的两条布缝在主题布的左右两边。

5 拼接四片方块布，将其拼接在修剪好的主题布上方，如图所示。

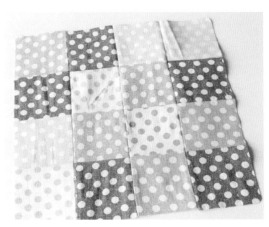

6 将16块方块布拼接在一起。

7 在两片表布反面熨烫铺棉，然后将两片布正面相对，缝合三边（小熊头上方一边不缝）。

8 裁剪大小对应的2片里布，同样缝合三边。

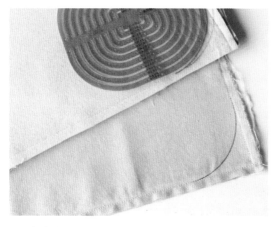

9 将表布、里布的底角均剪裁出圆角，并缝合圆角。

10 将表布翻到正面。

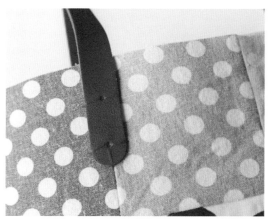

11 将2根提手带分别缝在袋口两侧。

12 将里布塞进表布，疏缝一圈。

13 剪裁4cm宽的包边条，进行袋口的包边，制作完成。

火烈鸟斜背包

闲暇的时候，我涂鸦了几张插画，这个火烈鸟就是其中一张。

我用贝碧欧牌的纺织颜料把图案绘制在白色棉布上，使其成为独一无二的定位布。

斜背包是外出的好伙伴，既能装东西，又能"解放"双手，

而且一年四季都实用。

材料、工具

表布（深色），里布（花布），手绘主题
布（火烈鸟图案），15cm 长的拉链，金
属链，花边剪，熨斗

纸样

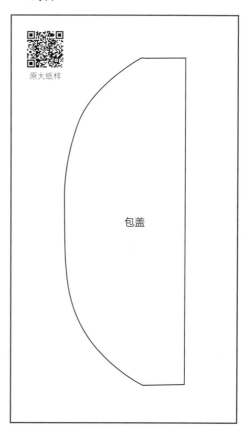

原大纸样

包盖

步骤

1 按图所示剪好拼接用的表布。将主题布与表
布藏针缝合后，对折。

2 在表布反面熨烫铺棉并压线。

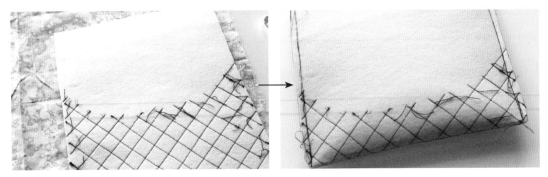

3 按照表布的大小剪裁相同尺寸的里布。然后将表布对折，缝合两边。

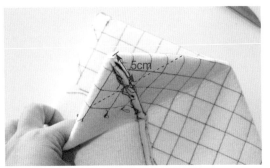

4 按图所示方法抓角。缝合处距顶点5cm，修剪掉尖角部分，翻到正面。

5 里布按第3、4步的方法处理。将里布放进表布中，将袋口边缘疏缝一圈。

6 剪裁4cm宽的包边条，再剪两条短布条制作穿链条用的布环。其制作方法在前边的教程中已有介绍，此处不再详述。

7 将缝好的短布条对折缝在袋口两边，并给袋口包边。

8 将拉链缝在袋口，制作完成。

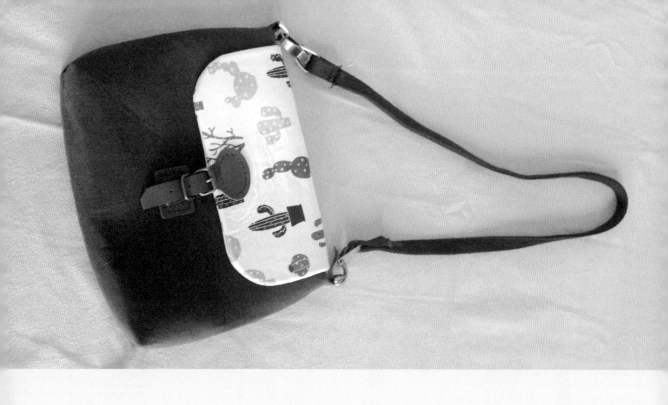

邮差包

出门去开会，我常常要把电脑拿在手里，于是就想着做一款大包，方便开会的时候使用。

我选了两种颜色搭配，做了非常中性化的设计，这样公司里的男女同事都可以借来使用。

这款邮差包可斜挎和无拉链的设计，最大限度地方便了携带和拿取物品。

大家也都对这款包感到很满意。

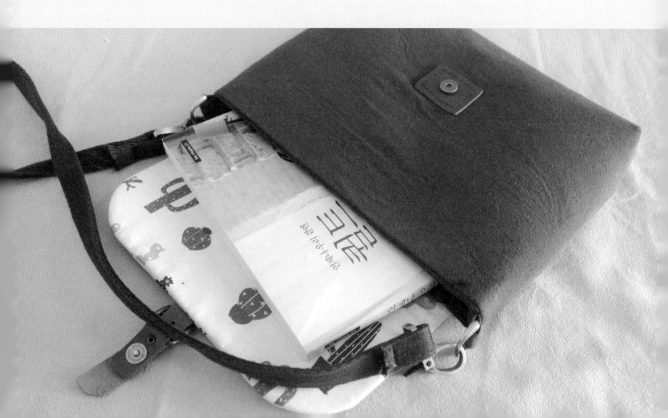

材料、工具

两种颜色的布料，紧致铺棉，
皮搭扣，D 字环和配套的龙
虾扣，织唛（可要可不要），
熨斗

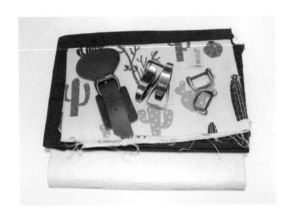

纸样

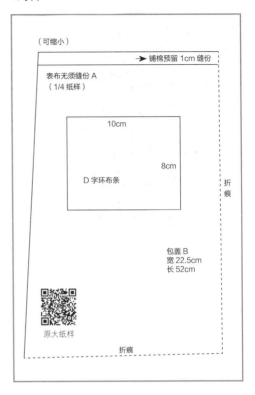

（可缩小）

➤ 铺棉预留 1cm 缝份

表布无须缝份 A
（1/4 纸样）

10cm

8cm

D 字环布条

折痕

包盖 B
宽 22.5cm
长 52cm

原大纸样

折痕

▶ **步骤**

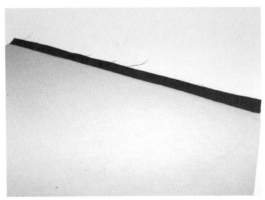

1 按纸样剪好铺棉，将它熨烫在裁好的表布上，
顶部留出 1cm 宽的内折边。

2 将表布对折，顶部两边向铺棉一侧折边，缝
合两侧。

3 在两底角处抓角，于距顶点 5cm 处缝合。

4 修剪掉多余的尖角。

5 按纸样剪好布条，缝制穿 D 字环的布条。

6 将布条穿过 D 字环，固定在包口两端，以包体缝合线为中心。

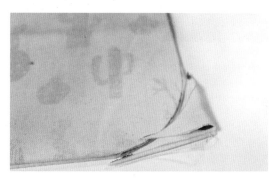

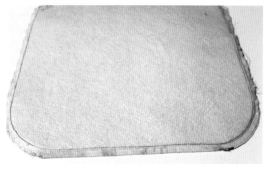

7 将花布对折，按纸样剪出包盖形状，其中一面熨烫铺棉，折痕的对边两端剪出圆角。

8 缝合，留一个拳头大小的返口（保证手能伸得进去）。

9 翻到正面，将皮搭扣缝在包盖上，手从返口处伸进去进行缝合（使反面不露线迹）。

10 缝合返口。

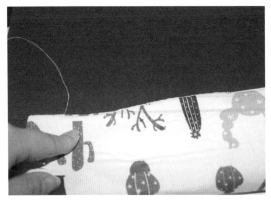

11 将包盖缝在包体背面的表布上。

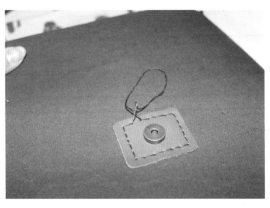

12 在包体正面的相应位置缝上皮搭扣的另一部分。

13 里布无须熨烫铺棉，对折后按照步骤 2~4 操作，然后将缝好的里布塞进表布（反面相对），如图所示。

14 整理好后，藏针缝合包口。

15 包体就做好了。

16 按自己需求剪裁剩余的布条。和制作穿 D 字环的布条的方法一样，在缝好的布条两边穿入龙虾扣，整个邮差包就制作完成了。

熊熊弹片口金包

弹片口金是个很万能的配件，它在制作中可以有很多变化形式，

而且它最大的好处是能防止被盗，因为需要捏住两头发力才可以打开弹片，

所以这种设计对小偷来说十分"不方便"。

因此，我在制作熊熊包的时候，放弃了束口绳，而使用了这个弹片口金。

材料、工具

布料，铺棉，弹片口金，
水消笔，花边剪，熨斗

纸样

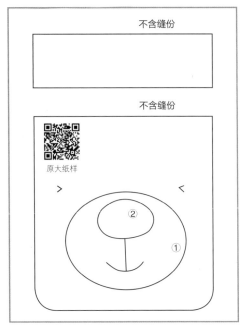

不含缝份

不含缝份

原大纸样

①
②

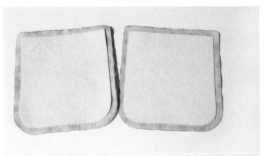 步骤

1 按纸样剪下铺棉，熨烫在表布上，再裁剪表布，
按图所示留出缝份。

2 正面贴布，先贴白色布，后贴深色鼻子。然
后画上表情。

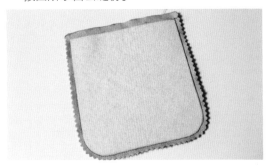

3 将两片表布花色相对缝合三边，修剪牙口，
如图所示。

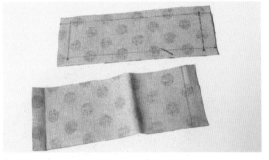

4 按纸样剪好口金布条，画出缝份，将两边缝
份折进去并缝合。

 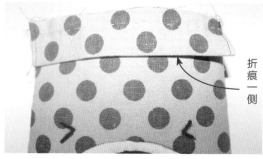

5 按图所示对折。

6 将对折后的两片布分别缝在包口处前后两片布上。

折痕一侧

 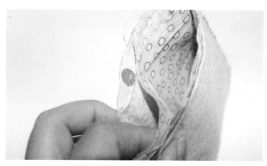

7 裁剪两片里布，将正面相对，缝合三边，然后按图所示进行修剪。

8 将里布和表布花色相对，套在一起，缝合包口，留返口。

9 翻到正面，将里布塞进表布，整理平整。

10 缝合返口。

11 穿入弹片口金。

12 穿入固定针，捏紧封口的小铁片固定住固定针，制作完成。

猪猪手机袋

买了新手机以后，我非常爱惜，总害怕摔到地上，

但我又是一个大大咧咧的人，曾在一个月里连续摔碎两块手机屏幕。

为了保护我的手机，我就制作了这个既能保护手机，又可以放些零钱和票据的猪猪手机袋。

它可以单独使用，也可以挂在包上。

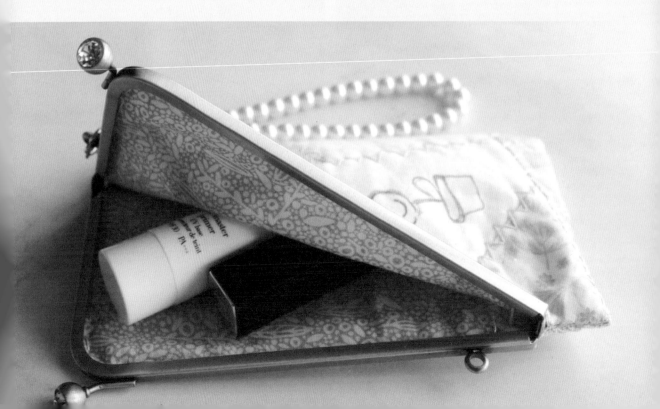

纸样

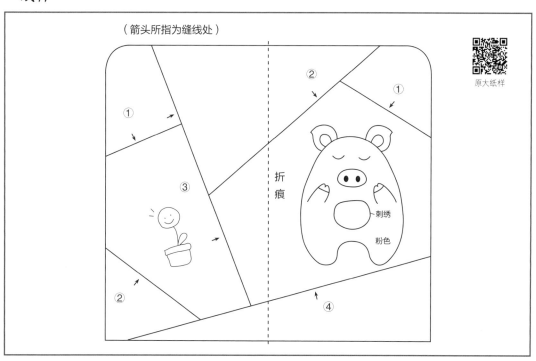

（箭头所指为缝线处）

① ② ① ③ ② ④

折痕

刺绣

粉色

原大纸样

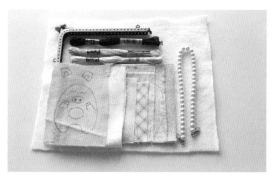

材料、工具

各种花色的布，紧致铺棉，三种颜色的绣线，直角口金，珍珠手绳，花边剪，布艺彩绘笔，珠针，熨斗

步骤

1 按纸样剪下布料，按纸样上标注的序号拼接表布（红线为成品线）。

2 在拼接好的表布背面熨烫铺棉并按纸样修剪，留出 0.7cm 宽的缝份。

3 剪4片布，2片一组，按图所示缝合，修剪牙口后翻到正面，作为猪耳朵。

4 将猪耳朵缝在表布上。

5 贴布缝猪的身体。

6 使用轮廓绣方法绣出猪的前腿、鼻子和眼睛，并用其他两种颜色在各布块边缘进行装饰性刺绣。

7 剪同样大小的里布，与表布正面相对，缝合四边，留返口。

8 翻到正面，用布艺彩绘笔画出小盆栽，缝合返口。

9 对折，藏针缝合底部（猪脚一侧）。

10 打开，缝上直角口金。

11 两端开口的部分，藏针缝合，如图所示。

12 穿上珍珠手绳，制作完成。

拉链卡包

手绘的布料有一种文艺的气质，搭配圆点图案的棉麻布，非常有少女气息。

这个作品的难点在于缝拉链。

全封闭的拉链卡包，能给卡多一层保护。

材料、工具

手绘布，棉麻布，卡位夹，拉链，花边，
紧致铺棉，熨斗

纸样

原大纸样

步骤

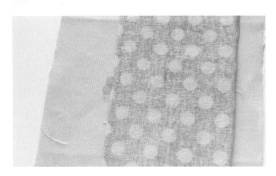

1 将手绘布和棉麻布正面相对缝合。

2 翻到正面缝上花边。

3 熨烫好铺棉，并按纸样画出卡包的轮廓。

4 修剪后缝上包边（宽 3.5cm），先缝好表布
一侧。

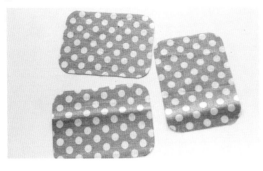

5 按纸样剪三片棉麻布。

54 | 爱丽丝的糖果拼布

6 将一片棉麻布熨烫在表布背面。

7 将剩下的两片棉麻布分别对折。

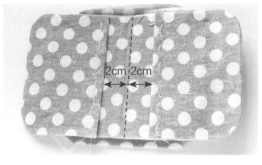

8 将对折的两片里布的直边压线后，对称放置在卡包里布的两边，并距离中心线 2cm。

9 修剪掉多余的布料。

10 将拉链缝在里布上。

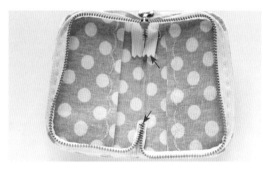

11 将拉链稍作修剪和固定。

12 藏针缝合包边条。

13 装入卡位夹。将卡位夹前后两页分别塞入两侧的圆点布中，完成。

牙膏笔袋

　　酒壶口金在"拼布圈"一度非常流行，很多拼布玩家都做过自己的酒壶口金包。当时我并没有跟风，因为我一直没有想到好的创意来制作属于我自己的酒壶口金作品。在创作本书的过程中，我想到了这个牙膏笔袋。这个作品的难点在于绘图，经过反复打草稿，我才最终做出了这个牙膏笔袋。我希望热爱布艺手工的朋友们都不要满足于按照纸样照搬，如果能够发挥自己的创意，制作出属于自己的原创作品，就再好不过了。

纸样

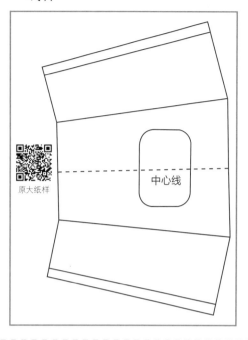

中心线

原大纸样

材料

表布，里布，配色布，压线铺棉，
红白绿三色绣线，酒壶口金

步 骤

1 按纸样剪下各个布块，画好压线和贴布的部分。

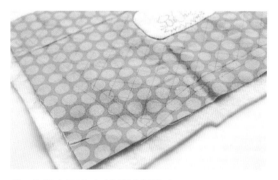

2 在表布下垫上铺棉进行贴布。

3 按照 1cm 缝 3 针的方法进行压线。

4 平针绣图案。

5 以结粒绣来绣蘑菇上的点。以轮廓绣来绣草
的部分。

6 按线迹裁掉边缘多余的铺棉。

 图中所示为结粒绣方法，将线在针上绕几圈，再
从出针处入针，将线拉成一个小结。

7 左右两端拼接，如图所示。

8 剪裁里布，重复步骤 7 进行拼接。

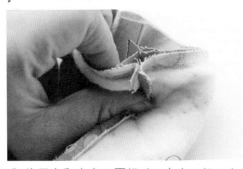

9 将里布和表布正面相对，套在一起，小口的
部分全部缝合，大口的部分不缝合。

10 翻到正面后，将酒壶口金打开，用卷针缝
方法缝在小口处。

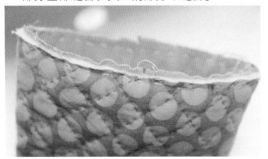

11 大口处未缝的部分以平针缝方法缝合即可。
针脚可以随意，完成后线迹不会露出来。
缝合后修剪边缘。

12 裁剪 4cm 宽的包边条进行包边，包边之后
压扁，藏针缝合。

海龟桌面收纳包

我们做手工的人，桌面上总会有一些随时要用的零碎杂物，收纳起来很费脑筋，

于是我做了这个海龟桌面收纳包。它的背后有一个大大的口袋，容量很大，还很美观。

它让我的桌面变得整洁，又增添了趣味。

纸样

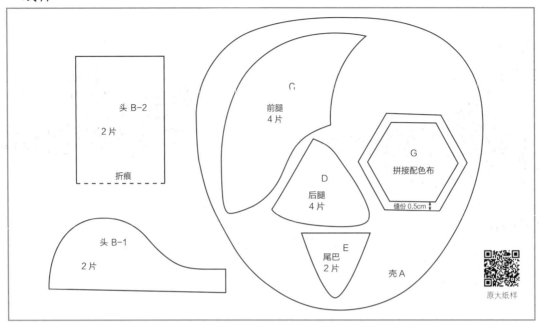

头 B-2
2 片
折痕

前腿
4 片

G
拼接配色布
缝份 0.5cm

D
后腿
4 片

头 B-1
2 片

E
尾巴
2 片

壳 A

原大纸样

材料、工具

两种颜色的主体布，18 片剪裁好的六边形配色布，铺棉，填充棉，拉链，网纱布，两枚纽扣，皮绳，布艺彩绘笔，熨斗

步骤

1 按图所示拼接 18 片配色布。

2 熨烫铺棉。

3 按纸样修剪轮廓。

4 在背面也熨烫上裁好的里布。

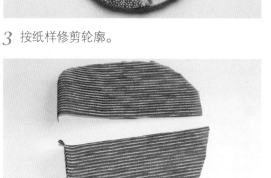

5 剪裁好网纱布。

6 将网纱布直边边缘向内折，缝上拉链，然后将网纱布缝在龟壳里布上。

7 剪裁 4cm 宽的包边条，给龟壳包边。

8 按纸样剪好海龟头部布料，缝合后翻到正面。

9 缝合海龟的四肢和尾巴。

10 翻到正面，塞入填充棉。

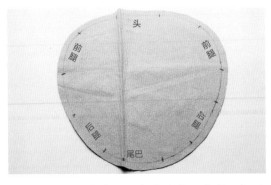

11 剪裁2片布作为海龟的身体，在其上标注
四肢、头和尾巴的位置。

12 将头的部分与布上标注好的位置缝合。

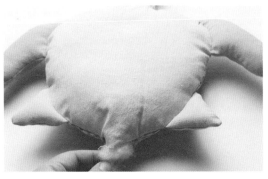

13 缝合海龟身体的两片布上未标注的位置。

14 翻到正面，在未缝合的部分塞入已填充好
的海龟四肢并缝合，再从敞开的尾部塞入
填充棉。

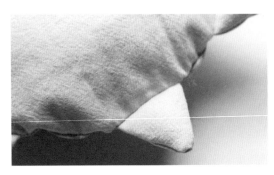

15 塞入尾巴，缝合。

16 在海龟腹部两侧缝上两枚纽扣。

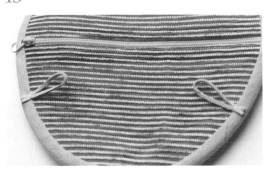

17 缝上适当长度的皮绳（即腹部纽扣的扣眼）。
使用布艺彩绘笔画上表情，制作完成。

猪猪收纳筐

这个作品是我用来放线轴的，尺寸比较小，只能放四五个常用的线轴。

它最大的功能其实是在桌面上卖萌。如果你觉得不够实用，

那么可以将比例放大一些制作。

纸样

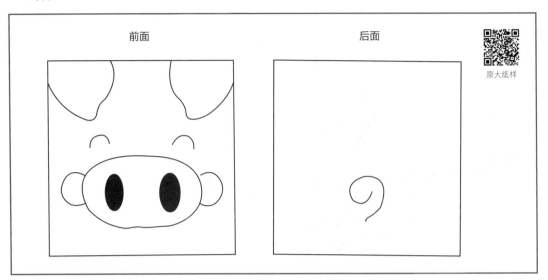

前面　　　　　　　　　后面

原大纸样

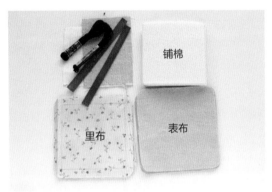

铺棉

里布　　表布

材料、工具

皮质提手带，绣线，按纸样裁好的紧致铺棉，表布，里布，配色布，熨斗

 步骤

1 在所有表布上熨烫铺棉。

2 按纸样画好图案并剪下布料，在正面贴布，进行鼻孔和眼睛的刺绣（平针绣）。

 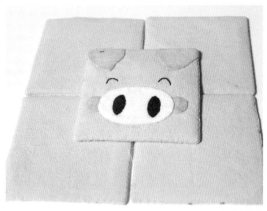

3 将完成贴布的表布与里布正面相对，缝合，留返口。修剪掉四角后，翻到正面，缝合返口。

4 其余四片不贴布，重复步骤 3。

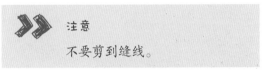

注意

不要剪到缝线。

5 藏针缝合所有方块。

6 缝成一个正方体。

7 在两侧的方块上缝上皮质提手带。

杂物筐

办公桌上经常会有很多杂物，放在抽屉里既不好找，也不方便随时拿取。

于是，我做了这个杂物收纳好帮手。中间的大肚子可以装一些小零食，

外圈的小袋子里就放一些随时要用的物品。真是很实用的设计呢！

材料、工具

不同花色的布，铺棉，定位布，熨斗

纸样

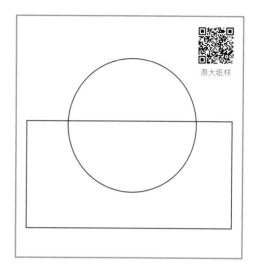

原大纸样

步骤

1 将花布裁成随意大小的布条，进行拼接。

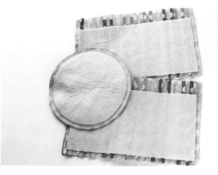

2 按纸样剪裁铺棉，熨烫在拼接好的表布上。然后将两片拼接布短边相接，缝成一片长布条。

3 将定位布修剪整齐，与一块花布图案相对，车缝上面的一条边。翻到正面。

4 将上一步完成的布条缝在花色拼接布上，并将两端缝合，使之成为一个圆筒。

5 按照自己的喜好，车缝插槽（线迹为图中两
只小猫间的纵向线）。

6 翻到反面，缝上圆底。

7 按纸样剪裁里布。

8 将两片长条布缝合两短边，一边留返口。

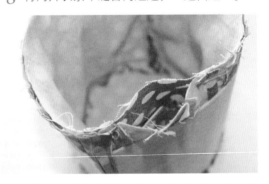

9 缝上圆底。

10 将表布和里布正面相对，重叠在一起，缝
合筐口，留返口。

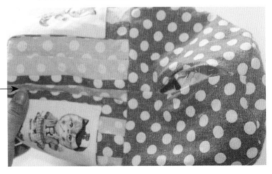

11 翻到正面，缝合返口，制作完成。

小猪发圈

作为一名标准的"中年老少女"，我喜欢一切萌萌的物品。

这款小猪发圈，就是我"少女心"的一次集中体现。

今年是猪年，而我也属猪，这是我送给自己的礼物。

你问我是否好意思用它来扎头发，我会理直气壮地告诉你，我平时都是扎两条小辫子的哟！

材料、工具

布料，铺棉，发圈，绣线，熨斗

◁ ◁ ◀

纸样

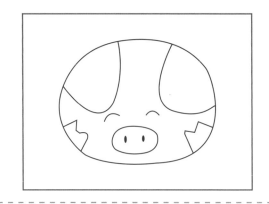

▶ ▶ **步骤**

1 按纸样剪下布料，画好
贴布的部分。

2 耳朵部分的表布和里布
正面相对缝合，留返口，
翻到正面。

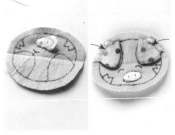

3 贴缝猪鼻子，缝上耳朵（只
缝箭头所指之处）。

4 背面熨烫铺棉。

5 翻到正面进行刺绣。

6 剪一片同样大小的里布，两片
布正面相对缝合，留返口。

7 藏针缝合返口。

8 用卷针缝方法将其固定在发
圈上，制作完成。

耳饰

我曾参加过一个拼布主题的聚会,想在装扮上更贴合主题,

于是就设计了这个简单的布艺耳饰,使用了银耳钩,免除过敏的潜在风险。

再搭配一条素色的棉麻裙子,我就是全场最特别的拼布女孩。

材料

表布（素布），铺棉，配色布（花布），包扣坯（直径为 40mm），银耳钩配件，各色装饰珠（有孔），UHU 胶水

纸样

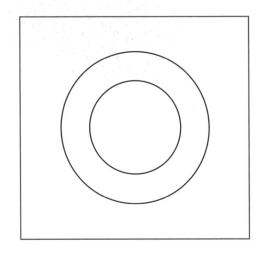

▶ ▶ 步骤

1 按纸样剪下表布和配色布。

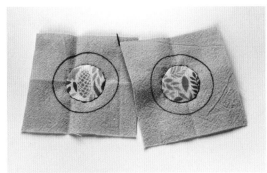

2 用藏针缝方法贴布，制作两片。

3 缝上装饰珠。

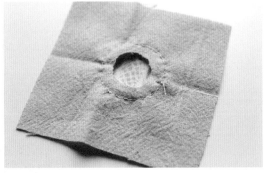

4 背面挖一个洞。以使布料更加贴合，不褶皱。

5 在包扣坯上涂抹 UHU 胶水，粘上铺棉。

6 将铺棉修剪整齐。

7 如此制作四枚。

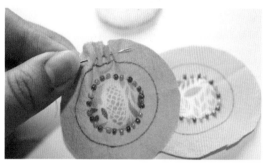

8 平针缝一周，然后轻抽缝线，使边缘立起来。

9 将粘好铺棉的包扣坯放进表布中，包裹住，然后抽紧缝线。

10 将布边用线连起来固定，缝上银钩配件。

11 用线穿好 3 串装饰珠后，将两枚包扣相对，将珠串夹在底部，藏针缝合。

12 完成一只，再用同样的方法制作另一只。可做同样图案的，也可做不同图案的。

蝴蝶隔热手套

用微波炉热东西的时候，盘子会很烫，因此需要一个隔热手套。

但市面上的隔热手套又厚又笨重。于是，我使用蝴蝶的原型，制作了一款蝴蝶隔热手套，

它的翅膀处正好能装进我的手，隔热手套在使用的时候可以随着手一张一合，

真的犹如一只蝴蝶在翩翩起舞。

纸样

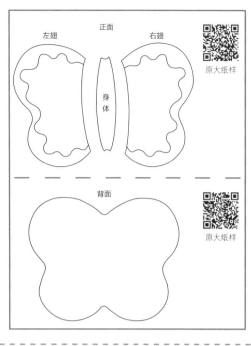

正面

左翅　右翅

身体

原大纸样

背面

原大纸样

材料、工具

蜡绳，两三种颜色的布料，紧致铺棉，
填充棉（剪下来的铺棉边角料也可以），
花边剪，熨斗

步骤

1 按纸样剪下布料，将贴布用的图案布（深色花布）叠放在一片浅色花布上，进行贴布。

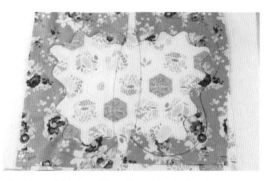

2 缝好后从中间剪开成两只翅膀和身体。

3 将两只蝴蝶翅膀的表布和里布（浅色花布）分别正面相对，并在里布背面熨烫上铺棉。

4 沿轮廓线迹缝合，留返口，并修剪掉多余的布边和铺棉边缘。

5 将凹处牙口
剪深一点儿。　⟫ **注意　不要剪到缝线。**

6 翻到正面，藏针缝合返口。

7 按纸样剪下蝴蝶下面一层（背面）的布料，将
表布（花布）与里布（黄色布）正面相对，在
一面熨烫铺棉，缝合，留返口。

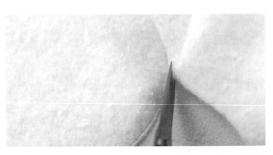

8 修剪掉多余的铺棉和布边。翻到正面，藏针
缝合返口。

9 蝴蝶的主体部分就做好了。

10 缝好挂绳。

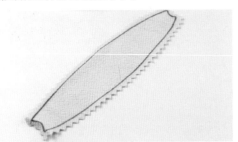

11 按纸样剪下蝴蝶的身体。

12 将身体藏针缝于第9步完成部分的中间，
盖住挂绳的缝线。留一个两指宽的空隙，
塞填充棉后，缝合。

13 将蝴蝶的两只翅膀藏针缝在黄色布片两侧，
制作完成。

猫咪杯垫

做这个杯垫是个意外，是我看到朋友家的猫抬起一条前腿舔自己后腿上的毛得来的灵感，

修修改改之后，就有了这个杯垫。这个猫咪杯垫能够给枯燥的办公桌面带来些许趣味，

午休的时候喝上一杯茶，吃上一小把干果，舒适惬意。

取悦自己，从一个杯垫开始吧！

纸样

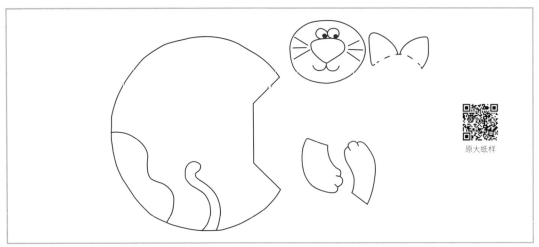

原大纸样

材料、工具

布料，绣线，铺棉，布艺
彩绘笔，熨斗

步骤

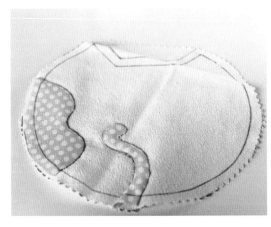

1 按纸样画好主体布图案，进行贴布，然后熨
烫上铺棉。

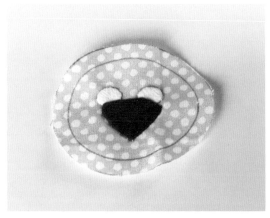

2 剪裁猫脸，继续贴布。

3 贴布后在白色区域用布艺彩绘笔画上眼珠。

4 制作猫耳朵。

5 将两只耳朵放置在猫脸上方，缝合固定。

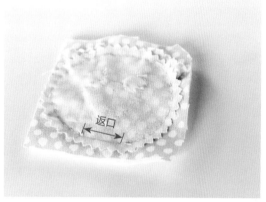

返口

6 将猫脸与另一块配色布正面相对，进行缝合，并留返口。

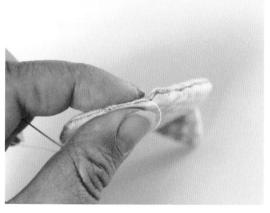

7 修剪后翻到正面，缝合返口。主体布也按第6、7步的方法缝制。

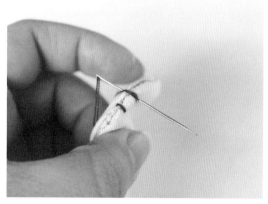

8 使用绣线卷针制作猫爪部分。将猫脸藏针缝合在两只猫爪之间，制作完成。

微笑猫餐垫

餐垫是我非常喜欢制作的一种布艺，恭贺朋友乔迁之喜，送这个再好不过了。

出去也可以带上它，工作午休时在小花园晒着太阳，铺上这个小餐垫，

放上些许小零食，能让我有一种正在郊游野餐的感觉。

只要有一颗热爱生活的心，诗和远方就在眼前，岁月静好，便是当下。

材料、工具

黄色主体布，20 种花色的彩色配色布，
黑色和棕色的配色布，黑色绣线，织唛，
熨斗

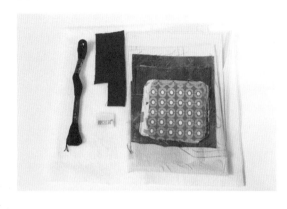

纸样

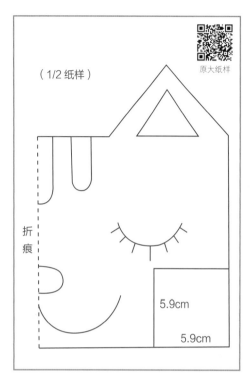

（1/2 纸样）

原大纸样

折痕

5.9cm

5.9cm

步骤

1 按纸样剪下布料，进行贴布，
然后画好猫的眼睛和嘴。

2 拼接 20 种花色的布块，烫
平背面的缝份。

3 与猫脸进行拼接。

4 缝上织唛（如果没有，也可
以不缝）。

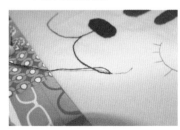

5 用轮廓绣方法绣嘴和眼睛。

铺棉

背布

6 绣好后，与背布正面相对，
并在背布下熨烫铺棉，缝合
四周，留返口。

7 翻到正面，藏针缝合返口，
制作完成。

狮子靠垫

我一直很钟爱狮子的造型，从事布艺制作以来，设计了很多狮子造型的布艺。

这款狮子靠垫是我非常喜欢的一个作品，它结合了拼布、贴布和刺绣的技法，但制作起来并不困难，新手们可以大胆尝试。

纸样

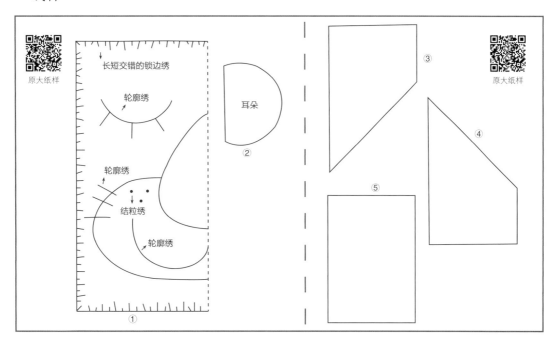

长短交错的锁边绣

轮廓绣

耳朵
②

轮廓绣

结粒绣

轮廓绣

①

原大纸样

原大纸样

③

④

⑤

材料、工具

12 种花色的配色布，白色布，米色布，
粉色布，拉链，珠针，绣线，拼布尺，
轮刀，切割板

步骤

1 按纸样剪下配色布，三块一
组进行拼接，共拼 4 组。

2 按纸样画好中间的狮子脸，
贴布后再画上胡子和嘴。

3 将缝好的 4 组花布与狮子脸
拼接。

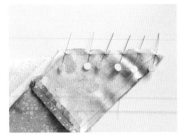

4 进行花布间的拼接。用珠针固定有助于拼接工整。

5 按纸样裁剪狮子的耳朵，按图所示摆放好，贴缝弧形边缘。

6 将耳朵沿脸部的直角边剪出牙口，按图所示向内折，与脸部的直角边对齐，贴缝。

锁边绣

拼布尺、轮刀、切割板使用方法

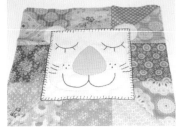

7 按照纸样上的标注进行刺绣（锁边绣、轮廓绣和结粒绣）。

8 完成正面表布的制作。

9 剪裁两片与正面表布同样大小的背布，将它们分别对折，在两片布中间缝上拉链。

里布

背布（2层）

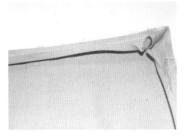

10 将缝好拉链的背布与正面表布正面相对，再剪一块同样大小的里布，垫于表布之下。将三部分对齐，缝合四边，无须留返口。

11 用拼布尺、轮刀、切割板裁 3cm 或者 3.5cm 宽的包边条。

12 四周包边。

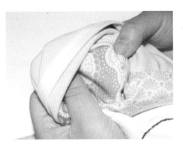

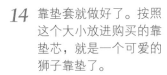

13 包好边后翻到正面。

14 靠垫套就做好了。按照这个大小放进购买的靠垫芯，就是一个可爱的狮子靠垫了。

"请勿打扰"狮子挂牌

　　我有一个朋友，我叫她改小胖，她称自己是粘粘族，制作的布艺作品多使用粘贴方式，充满脑洞和创意。这个狮子挂牌最初是为了我们联合创作的《改妞儿的布艺 × 饰物混搭——看粘粘族如何玩布艺》设计的。当时，为了能让没有任何手工基础的新人也能制作，我费尽心思地将所有复杂的工艺简化，但最后这个作品并没有收录在那本书中。于是，我将狮子挂牌增加了拼贴的技巧，放到了这本书里。感谢改小胖的指导，让这个作品达到了看一遍教程就立刻会做的简单程度。

材料、工具

布艺复写纸，主体布，
彩色配色布，布艺胶棒，
布艺彩绘笔，水消笔，
紧致铺棉，花边剪，熨斗

纸样

原大纸样

涂色

（表布 +
硬衬）

立体圆（正反缝，翻过来）

刺绣

贴布

×

步骤

1 将按纸样剪好的紧致铺棉熨烫在表布上。

2 用花边剪将边缘修剪整齐，留出 1cm 宽的缝份。

3 在缝份上涂抹布艺胶棒，将其粘在铺棉上，有弧度和转折较大的地方要剪一下。

4 将布艺复写纸放在纸样上描图，再将它平铺在另一片表布上，使用水消笔进行描画。

5 水消笔的痕迹会透过布艺复写纸印在布上。这个方法可以在布料较厚或颜色较深，无法在纸样上直接描画时使用。

6 修剪边缘，留出 0.7cm 宽的缝份。

7 用藏针缝方法将正反两片表布缝合。

8 用布艺彩绘笔进行字体部分的涂色。

9 将彩色配色布拼接成圆形。

10 将圆形拼接布正面朝下，覆盖在另一块布上，缝合并留返口，修剪成圆形后翻到正面待用。

 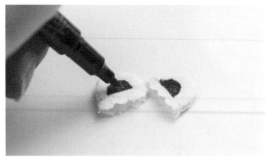

11 按纸样剪好白色布，缝合弧形一侧，修剪边缘后翻到正面。

12 用布艺彩绘笔画上耳孔。

13 将两只耳朵分别缝在圆形拼接布上。

14 按纸样剪下白色圆布，描绘好图案后，贴缝于圆形拼接布上。贴缝时要压住两只耳朵，但不要穿透底布。

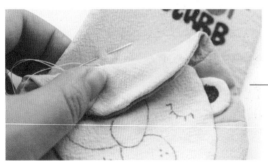

15 将贴缝好的圆形布藏针缝于涂画好字体的挂牌主体上，不要扎透主体布，挑着缝即可。圆形布的部分要穿透。如图所示，按照白色贴布区域的轮廓进行缝合，确保两块布连接牢固。

16 完成后，使用布艺彩绘笔进行涂色。若想更精致，也可绣出狮子的面部。不要忘记描画狮子的爪子。

大狗靠枕

    设计这个大狗靠枕纯属偶然，朋友抱怨公司的椅子不舒服，希望我做一个靠枕给他来改善舒适度。由于朋友是男性，靠枕过于花哨就显得不够稳重，太沉闷他又不喜欢，我们商量过后，决定以他的属相作为创意点设计了这个靠枕。设计的美好之处就在于可以根据人的喜好和需求来规划和制作。一起来制作属于你的特别作品吧！

材料、工具

棕色主体布，红色、白色配色布，30cm 长的拉链，边长为 35cm 的靠枕芯，装饰线（绣线），花边剪，珠针

纸样

靠枕尺寸
37cm × 37cm
原大纸样

鼻子

嘴

耳朵

花斑

原大纸样

步骤

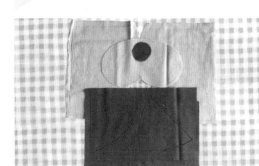

1 按纸样裁好拼贴的部分，耳朵部分（棕色布）裁两片。

2 缝合两侧，留出直边，修剪整齐，然后翻到正面。

3 开始贴缝。

4 将耳朵按图所示进行缝合。

注意
缝合线应在靠枕缝合线（红色线）的外侧。

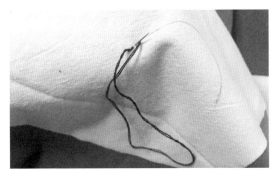

5 以轮廓绣手法绣出狗的眼睛等，靠枕正面就做好了。

6 背面随意剪裁一窄一宽 2 片长方形布。两片布拼接后四周要大于靠枕正面 4cm。

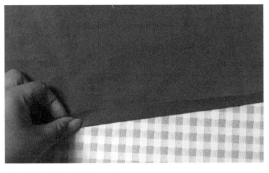

7 将长边向内折至少 1cm。

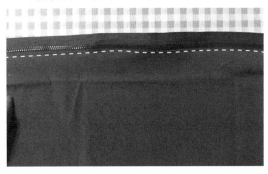

8 缝合拉链。缝合时应尽力拉直拉链，使其保持平整。

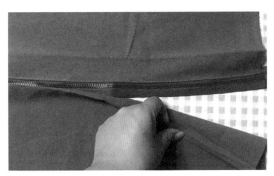

9 另一边也如此操作。

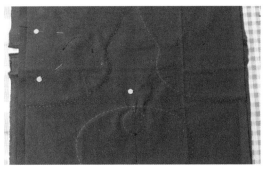

10 将靠枕前后的两块布正面相对，用珠针固定，缝合四边后修剪整齐。

11 打开拉链，翻到正面。

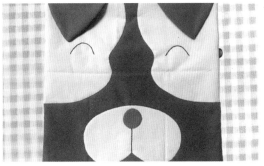

12 塞入靠枕芯，制作完成。

印第安小人卫生纸抽

我家的卫生纸放在马桶水箱上，既不方便也不卫生。好几次伸手去拿，就把它打落在地，

滚出很远，搞得我无纸可用，非常尴尬。我从配件箱里翻出一对圆形的提手，

越看它们越像张开的大嘴，于是摊开绘图纸开始设计，印第安小人卫生纸抽就这样诞生了。

有了它，卫生纸终于乖乖地任我驱使，不再滚跑了，哈哈！

纸样

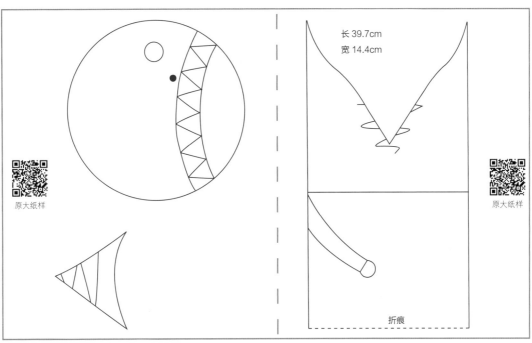

长 39.7cm
宽 14.4cm

原大纸样

折痕

材料、工具

主体布，配色布，合金提手，羽毛，
手缝磁扣，布艺彩绘笔，黑色线，熨斗

步骤

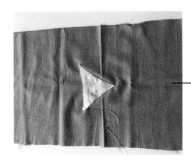

1 按纸样画好贴布的部分，剪下来，进行主体的贴布。

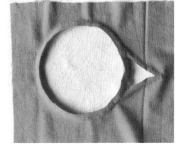

2 将背面多余的部分剪掉。

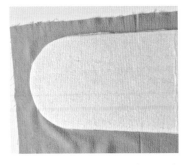

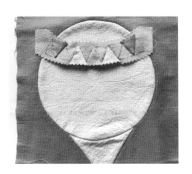

3 在背面熨烫上按纸样剪好的铺棉。

4 剪裁若干片三角形配色布，贴缝于蓝色布条上，做发带。

5 将蓝色发带贴缝在小人的头上。

6 用轮廓绣方法装饰尖角处。

7 用布艺彩绘笔画上眼睛，贴缝两边的"红脸蛋"。

8 将剪好的手部布料按照两片米色布、一片铺棉的顺序缝合，直边不缝。缝制两个。

9 胳膊按照步骤8的方法制作，但两端不缝。

10 将手塞进胳膊内藏针缝合。

11 将里布（花布）和表布正面相对，按纸样画出两边返口的位置，进行缝合，翻到正面。

12 在两边返口处塞入胳膊。

13 在发带处塞入羽毛。

14 先按照合金提手的大小画好图形，然后将布纵向（沿虚线）对折，用剪刀在折痕处剪个小口，再打开，将剪刀尖伸进小口中,剪掉图形区域，要比合金提手的内圈略小 0.5cm。

15 安装合金提手。

16 将布条两长边向中线折，然后再对折，缝合两长边。

17 整体沿短边方向对折，将布条两端用卷针缝方法缝在背面的上边缘两侧，做挂绳。

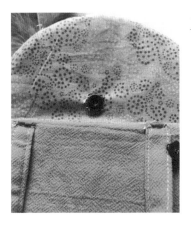

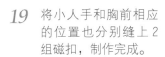

18 将手缝磁扣缝在小人脸后面，另一半磁扣的位置在背面布内侧与之对齐。

19 将小人手和胸前相应的位置也分别缝上 2 组磁扣，制作完成。

小花园手工本

我从小就喜欢写日记，还喜欢收集各种各样的漂亮本子，接触了布艺之后，

就开始自己制作布艺的手工本。这个作品我叫它小花园，因为做这个本子的时候，

我买下了一座带花园的小房子，以此作为纪念。

希望来年我可以在种满了月季和绣球的小花园里晒太阳、写作、缝制喜欢的布艺作品。

纸样

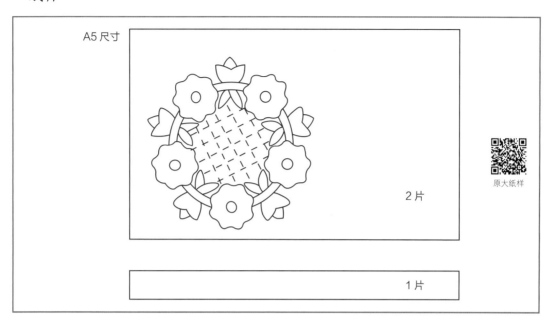

A5 尺寸

2 片

1 片

原大纸样

材料、工具

按纸样裁好的纸板，白乳胶，A6 尺寸的本芯，压线铺棉（稍薄一些的），水洗棉布，按纸样裁好的花色配色布，布艺复写纸，水消笔，熨斗

步骤

1 按纸样在水洗棉的表布上用布艺复写纸和水消笔拓下图案。

2 先贴缝叶子的部分。

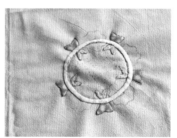

3 再贴缝白色花环。

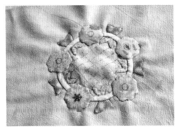

4 最后贴缝花的部分。

5 剪一块与花环内圈大小相同的铺棉熨烫在贴布图的背面。

6 用咖啡色的线进行格子压线，花心的部分使用平针绣。

7 在按纸样裁好的硬纸板一面上涂满白乳胶。

8 粘上同样大小的铺棉，边缘修剪整齐。三个部分的做法相同。

9 将硬纸板熨烫在裁好的表布上，注意贴布图案在一块大纸板的正中间。在大纸板与本脊间留出与之等宽的距离熨烫两侧书页纸板。

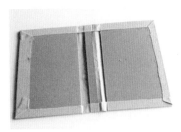

10 将四周向内折，用白乳胶粘住。

11 如果尖角处太厚，就修剪掉一部分。

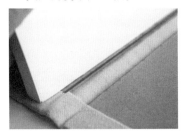

12 将本芯粘在做好的本皮上，先粘本脊的部分。胶要多抹且抹匀，以便粘牢。

13 两边大量刷胶。

14 将本芯的白色部分也刷满白乳胶，如图所示。

15 将本合上，按压。另一边也这样黏合，制作完成。

 注意
四周留出 2mm 宽的地方不刷。